AF371218

PALAIS DE JUSTICE.

RAPPORT

A M. LE COMTE DE CHABROL,

CONSEILLER D'ÉTAT, PRÉFET DU DÉPARTEMENT DE LA SEINE,

SUR LES CONSTRUCTIONS ET AMÉLIORATIONS FAITES DANS CE MONUMENT PENDANT SON ADMINISTRATION.

Par A. M. PEYRE,

MEMBRE DE L'ORDRE ROYAL DE LA LÉGION-D'HONNEUR, ARCHITECTE DU GOUVERNEMENT, INSPECTEUR EN CHEF DE IA 3ᵉ DIVISION DES TRAVAUX DU DÉPARTEMENT DE LA SEINE.

PARIS,

IMPRIMERIE DE Mᵐᵉ Vᵉ AGASSE, RUE DES POITEVINS, Nᵒ 6.

1828.

RAPPORT

A M. LE COMTE DE CHABROL,

PRÉFET DU DÉPARTEMENT DE LA SEINE,

SUR LES CONSTRUCTIONS ET AMÉLIORATIONS FAITES AU PALAIS
DE JUSTICE PENDANT SON ADMINISTRATION.

PRÉCIS HISTORIQUE.

La construction du Palais de Justice remonte aux temps les plus reculés de la monarchie : un château-fort construit au milieu de la Cité fut l'origine de ce Palais. On communiquait à cette forteresse par deux ponts dont les têtes étaient défendues par des ouvrages avancés. Eudes, voulant se mettre à l'abri des fréquentes invasions des Normands, y fixa sa résidence.

En 1003, sous le règne de Robert, un palais d'habitation fut joint aux fortifications qui existaient; une partie des anciens bâtimens furent détruits et remplacés par de nouvelles constructions.

En 1258, ce monument, qui portait déjà le nom de *Grand Palais*, devint l'habitation de saint Louis. Ce monarque y fit ajouter diverses parties considérables, telles que celles inférieures et supérieures de la grande chambre dite actuellement *des Pas-Perdus*, la grande salle dite de *Saint-Louis*, où siége maintenant la Cour de cassation, et la Sainte-Chapelle, qui furent construites à la fin de la seconde croisade, par Pierre de Montereau, célèbre architecte de cette époque.

En 1313, Philippe-le-Bel fit reconstruire une grande partie de l'ancien palais, auquel il fut fait des additions considérables.

Nos rois y ajoutèrent successivement des constructions importantes.

Le bâtiment de la Cour des comptes fut commencé sous Louis XI et terminé sous Louis XII.

En 1618, après la mort de Henri IV, un violent incendie ayant détruit la partie supérieure de la grande salle du Palais de Justice, la nouvelle salle dite *des Pas-Perdus* fut construite en 1622, sur les anciennnes fondations, par Jacques Desbrosses, célèbre architecte, auquel on doit le beau palais du Luxembonrg.

Enfin, dans la nuit du 11 au 12 janvier 1776, un nouvel incendie consuma non-seulement la Chancellerie, mais encore la première Chambre des requêtes, située entre la salle des Pas-Perdus et la Sainte-Chapelle.

Après ce dernier incendie, Desmaisons, architecte du Roi, fut chargé de construire tous les bâtimens qui entourent la Cour du Mai, ceux du fond où siége la Cour royale, le grand escalier; en avant du péristyle, la Conciergerie des femmes et la galerie des prisonniers. La grande grille donnant sur la place du Palais fut aussi érigée d'après les dessins et sous la direction du même architecte.

Quelque temps après ces nouvelles constructions, on pratiqua, dans le comble au-dessus de la salle des Pas-Perdus, les trois berceaux de voûtes en briques qui contiennent la plus grande partie des archives judiciaires. Cette belle construction fut faite par Antoine, architecte du Roi, auquel on doit l'édifice de l'Hôtel des Monnaies.

Je ne sais si c'est à la difficulté qu'offraient les subdivisions pratiquées dans les parties inférieures, et qui empêchèrent de comparer exactement le plan du rez-de-chaussée avec celui de la grande salle du premier étage, qu'on doit attribuer l'inexactitude du rapport entre l'axe des piliers supérieurs et celui des piliers inférieurs; mais cette différence, qui était de trente-trois centimètres, faisait déverser du côté de la Cour du Mai toute la charge des constructions supérieures. Il faut croire que l'état des choses qui existait alors aura empêché de vérifier le rapport des plans du rez-de-chaussée et du premier étage; car comment expliquer autrement une faute semblable de construction de la part d'un architecte du mérite de Jacques Desbrosses, auquel on doit le beau palais du Luxembourg et la salle actuelle dés Pas-Perdus, chef-d'ouvre qui soutient le parallèle avec les plus beaux monumens de l'antiquité? Il est certain que cette imprévoyance a causé seule l'état de dégradation des voûtes souterraines, ainsi que les effets qui s'étaient manifestés dans les voûtes supérieures de la grande salle, puisqu'ils ont cessé totalement depuis la reprise en sous-œuvre des voûtes souterraines.

Ce ne fut qu'après avoir mis plusieurs des berceaux de voûtes à découvert, que je m'aperçus de ce vice de construction. Je proposai alors un moyen facile d'y remédier, après néanmoins m'être assuré du bon état des fondations : ce fut, au lieu de reconstruire les anciens arcs-doubleaux dont les claveaux étaient disjoints, de faire de seconds arcs-doubleaux en soutennement des premiers, de rétrécir l'un des quatre berceaux de voûtes longitudinaux inférieurs, d'adosser aux anciens arcs-doubleaux et à leurs piédroits de seconds arcs et des piliers qui rétablissaient la correspondance de l'axe des piliers supérieurs avec celui des piliers inférieurs, et de débarrasser le rez-de-chaussée de toutes les subdivisions de murs qui produisaient des tassemens inégaux.

Vous adoptâtes, M. le Comte, ces propositions. Je retrouvai en entier, d'après ce système, l'ensemble des constructions faites dans cette partie du temps de saint Louis; ce vaste local, qui ne recevait d'air d'aucun côté, dans lequel on ne pouvait pénétrer que par des portes de caves, maintenant aéré et avec des issues faciles, offre un magasin utile à la ville de Paris.

Cette construction exigeait d'autant plus de soins, qu'ayant calculé la pesanteur des voûtes supérieures, celles des piliers

qui les supportent et des berceaux en brique qui les surmontent ,
lesquels contiennent une grande partie des archives judiciaires ,
j'ai reconnu que chacun des piliers inférieurs qu'il a fallu re-
prendre en partie en sous-œuvre, supportait une charge de plus de
quinze cents milliers. Cependant j'ai été assez heureux pour par-
venir à opérer cette restauration importante sans étrésillonner les
arcs de la grande salle, et sans éprouver le moindre tassement dans
les parties supérieures, effets que j'ai eu soin de prévenir en com-
mençant par la construction des arcs-doubleaux longitudinaux en
soutennement des anciens : ce mode d'opération a empêché toute
espèce de tassement.

Cette restauration importante ayant été terminée en 1819 ,
vous jugeâtes nécessaire de restaurer successivement toutes les
parties inférieures de l'ancien Palais. En effet , à l'exception des
anciennes cuisines de saint Louis qui n'ont pas encore de destination précise , tout ce qui reste du palais de ce Monarque et de
Philippe-le-Bel , dégagé des encombremens , a été restauré et dis-
posé pour le service public.

CONSTRUCTION DU BATIMENT SITUÉ SUR LE QUAI DE L'HORLOGE.

L'intervalle qui se trouvait entre la tour de l'Horloge et la
grande salle de Saint-Louis , maintenant Cour de cassation ,
offrait l'aspect le plus hideux. Cette partie était fermée par un
ancien mur de fortification de trois mètres d'épaisseur, surmonté
d'espèces de masures construites en bois et maçonnerie. Ce mur
était dégradé , et les parties supérieures tombaient en ruine. En
outre de vieilles constructions, obstruant l'intérieur de la cour
sur laquelle donnaient les croisées de la Cour de cassation et celles
de la première chambre du Tribunal de première instance, en
formaient un véritable cloaque.

Vous ayant rendu compte de l'état des choses, je reçus vos
ordres pour démolir ce mur, les constructions supérieures et les
masures de la cour, et vous adoptâtes le plan exécuté depuis
sous la direction de M. le vicomte Héricart de Thury, directeur
des bâtimens civils.

Ce nouveau bâtiment donne des dépendances indispensa-
bles pour le Tribunal civil , le greffe et les juges d'instruc-

tion, une entrée sur le quai pour les magasins de la ville, pour les prévenus en police correctionnelle, et depuis pour l'entrée de la Conciergerie, dont il sera fait mention dans l'article relatif aux améliorations et changemens importans faits dans cette prison.

BATIMENT SITUÉ EN FACE DU QUAI-AUX-FLEURS.

Ce bâtiment, construit sous Louis XIII, fut érigé au-dessus d'un mur de fortification qui existait depuis l'origine du Palais. Ce mur formait terrasse et communiquait de la grande salle à la tour de l'Horloge, flanquée à l'angle de l'ancien Palais. Il était percé d'arcades par lesquelles on pénétrait sous des voûtes pratiquées dans l'intervalle qui le séparait des souterrains conduisant à la rivière et des anciennes cuisines de saint Louis. Le rez-de-chaussée de ce bâtiment contenait diverses localités qui du temps des Parlemens, furent abandonnées à des particuliers. Ceux-ci, pour agrandir leurs demeures, pour les disposer selon leurs convenances ou pour obtenir plus de jour, firent dans les piédroits qui supportaient les arcades et dans les murs de refend, des percemens et des échancrures. On laissa même ces particuliers construire des échoppes en adossement de ces arcades et des caves en saillie sur la voie publique. Ces dégradations ayant mis en porte-à-faux les parties supérieures, et miné les piédroits qui les supportaient, il s'y manifesta des tassemens et des lézardes en si grande quantité, que tout annonçait le péril imminent de la totalité du bâtiment, dont la reprise en sous-œuvre fut ordonnée par M. le Préfet de de la Seine. Ce travail important et d'une grande difficulté fut entrepris et terminé en 1827, sous la direction de M. le vicomte Héricart de Thury, ainsi que la restauration des étages supérieurs. Le rez-de-chaussée a donné des dépendances dont il sera fait mention à l'article de la Conciergerie.

GRANDE GRILLE DU PALAIS DE JUSTICE.

Cette grille, d'un travail admirable, fut érigée après le dernier incendie du Palais, sur les dessins de M. Desmaisons, architecte du Roi, par suite de la construction des bâtimens de la Cour du Mai. Elle coûta plus six cent mille francs. Tous les ornemens et le couronnement qui la décoraient furent détruits à la révolution : le peu de soin qu'on prit pour préserver les panneaux de

cette grille , causa la corrodation de tous les assemblages des venteaux qui auraient fini par se désassembler tout-à-fait. M. le Préfet, qui sentit l'importance de conserver ce chef-d'œuvre de l'art,
et de faire disparaître les traces du vandalisme que son état offrait
à tous les yeux , en ordonna la réparation en 1825 ; mais, malgré
les soins apportés dans l'examen des choses, on ne put spécifier
au juste en quoi consistait cette réparation. Ce ne fut que progres-
sivement qu'on put se rendre compte des dégradations des parties
occidées. On fut obligé de démonter les différens venteaux , de re-
souder toutes les parties basses et les montans, et de refaire même
entièrement à neuf les panneaux du bas , ainsi que presque toutes
les pièces en cuivre relevé qui composaient le couronnement. Ce
travail qui offre les plus grandes difficultés pour l'exécution , ne
sera terminé que dans les premiers mois de 1828.

CONCIERGERIE.

C'est sous votre administration, M. le Comte, que l'on s'est le
plus occupé de l'amélioration des prisons. Celle de la Conciergerie
offrait le spectacle le plus affligeant. Des cachots humides, des
pièces privées d'air , où était réunie une grande quantité de détenus,
des chambres sombres et peu éclairées , une cour malsaine où tombaient des combles les eaux pluviales qui dégradaient le pavé, des
plafonds menaçant ruine , tels étaient les inconvéniens signalés par
les magistrats , et qui demandaient une prompte réparation.

Il y a quelques années , vous aviez retranché des dépendances
de la Conciergerie, la salle située au-dessous de la Cour de cassation. Cette salle qui, dans l'origine , était fort belle , se trouvait encombrée de murs.

Au fond, sous des voûtes ajoutées à la construction, étaient
pratiqués deux rangs de cachots pouvant contenir chacun sur des
lits de camp une cinquantaine de détenus , en tout quatre cents
personnes. Ces horribles cachots , où le jour ne pénétrait que par
des soupiraux et six rangs de grilles , étaient privés d'air : les prisonniers ne recevaient leur subsistance que par un guichet d'un
pied carré. Ces réduits infects avaient d'abord servi dans les anciens
troubles civils, et, pour la dernière fois, aux victimes du Tribunal
révolutionnaire. Depuis la chute de la terreur , quoiqu'ils eussent
conservé leur entrée par la Conciergerie, ils étaient abandonnés.

A l'époque de la restauration des voûtes souterraines, voulant anéantir jusqu'au souvenir des horreurs que l'aspect de ces lieux retraçait à l'imagination effrayée, vous ordonnâtes la démolition de tous ces cachots, qui heureusement pouvaient être supprimés sans compromettre en rien la solidité de cette partie de l'édifice, puisque leur construction n'était qu'accessoire.

M. le Préfet de police, sentant vivement le besoin d'assainir l'intérieur de la Conciergerie, vous invita, vers le milieu de l'année 1827, à vouloir bien vous occuper des améliorations nécessaires ; vous me confiâtes ce travail avec ordre de vous présenter des projets. Ils furent adoptés et exécutés sous la direction de M. le vicomte Héricart de Thury et sous la surveillance de M. Bonneau, inspecteur-général des prisons, auquel on doit la plus grande partie des dispositions intérieures, et dont on ne saurait trop louer le zèle et l'humanité.

La connaissance que j'avais des localités me suggéra l'idée de faire servir à la Conciergerie la nouvelle entrée pratiquée dans le bâtiment neuf sur le quai de l'Horloge. Par ce moyen, les juges n'auront plus le désagrément d'avoir sous les yeux le spectacle de l'entrée et de la sortie des prisonniers par la Cour du Mai, spectacle plus affligeant encore les jours d'exécution. Cette idée fut accueillie favorablement par les magistrats, et je reçus de vous les ordres pour l'exécution du plan que j'eus l'honneur de soumettre à votre approbation.

Il résulte de ces grandes améliorations, que les affreux cachots qui obstruaient la belle salle au-dessous de la Cour de cassation ont fait place à un préau spacieux et commode, à côté duquel se trouvent le greffe et les salles de dépôt des condamnés. Au fond et en face de l'entrée est le parloir des avocats. A côté et sous des voûtes attenantes à cette première salle est un second parloir éclairé, chauffé et distribué en deux parties, l'une pour les personnes qui viennent visiter les prisonniers, et l'autre pour les prisonniers eux-mêmes. Cette seconde partie a son entrée dans l'intérieur de la Conciergerie, afin de pouvoir communiquer avec les personnes qui viennent de l'extérieur.

Au fond et sur la gauche de la première salle servant d'entrée, est une vaste galerie passant au-dssous de la partie du fond de la salle des Pas-Perdus, laquelle galerie sert de communication principale à la Conciergerie des hommes et à celle des femmes. Cette galerie est éclairée par quatre croisées donnant sur le promenoir des hommes.

Au fond et sur la droite de cette galerie qui ferme l'entrée des deux Conciergeries, est un corps-de-garde de nuit pour la sûreté intérieure.

A droite se trouvent le couloir de la Conciergerie des hommes conduisant à la Chapelle et l'entrée de la cour du préau.

Sous les anciens portiques de gauche, à la place des chambrées obscures et malsaines, sont établies des cellules ne contenant qu'un seul prisonnier. Chacune de ces chambres, éclairée par une croisée, est garnie d'une couchette commode et de tablettes. Elles donnent sur des corridors qui règnent dans tout le pourtour de la Conciergerie, et dans lesquels on entre par des escaliers à chaque extrémité. Ces corridors ne sont fermés que par des grilles, afin que l'air puisse y circuler continuellement.

Le milieu de la cour reçoit les eaux du trop-plein du grand réservoir du Palais de Justice, qui forment un jet d'eau retombant dans un bassin. Deux gazons entourés d'arbres et de barrières forment plusieurs divisions pour la promenade des prisonniers.

Au rez-de-chaussée à droite, qui sépare la cour du grand couloir servant d'entrée à la Conciergerie, des promenoirs vastes et commodes, au centre desquels sont des tables de pierre, permettent dans toutes les saisons l'exercice nécessaire à la santé des prisonniers. (Ces tables sont les mêmes sur lesquelles saint Louis distribuait aux pauvres, et de sa propre main, les vivres à plusieurs époques de l'année.)

Les deux tours qui flanquent la cour de la Conciergerie du côté du quai de l'Horloge, dont l'usage était abandonné depuis plusieurs siècles, ont reçu chacune une destination utile. Celle de Bombec, qui avait servi de cachot à Ravaillac, a été éclairée par deux jours percés dans les gros murs. La porte a été agrandie. Un poêle et des bancs y ont été placés, et cette salle basse, maintenant bien aérée, carrelée en pierre, et donnant sur une espèce de vestibule qui sépare les couloirs des prisonniers, est convertie en chauffoir pour la mauvaise saison.

La seconde tour (*dite Tour-d'Argent*), située à l'angle opposé, dans laquelle on présume qu'était placé le trésor de saint Louis, a été éclairée par une croisée percée sur le quai de l'Horloge. Placée entre le préau d'entrée et la cour des prisonniers, dont elle est séparée par une petite cour couverte et fermée d'une grille, elle est devenue la chambre des gardiens.

A côté de cette tour et en dehors de la grille sont les latrines. Comme elles reçoivent continuellement les eaux de la grande cour et du bassin, et qu'elles ont deux robinets pour leur usage particulier, elles ne répandent aucune odeur; leur entrée étant à côté des gardiens, ceux-ci sont à même d'exercer leur surveillance à travers la grille, et d'y maintenir la propreté et la décence.

J'ai retrouvé dans cette tour des sculptures faites du temps de saint Louis; le plus grand soin a été apporté dans les profils des nervures de la voûte, des têtes de custodes et des chiens qui forment l'extrémité des culs-de-lampe, lesquels sont remarquables par le goût et la finesse de l'exécution.

Après avoir examiné avec attention l'état de ces sculptures faites dans un endroit qui n'avait jamais reçu de jour extérieur, on ne peut plus douter qu'en effet la Tour-d'Argent ne fût le lieu qui renfermait jadis le trésor de saint Louis.

A côté de la chambre des gardiens, est une porte communiquant de la cour des prisons au parloir des avocats, et ne servant que pour le passage des prisonniers.

Dans la cour d'entrée se trouve le logement du directeur de la Conciergerie, duquel il peut communiquer dans l'intérieur de cette prison, sans passer par le premier guichet.

Le rez-de-chaussée de la troisième tour, dite *de César*, qui autrefois n'avait aucune ouverture sur le quai, sert maintenant de pièce de réception et de salon pour M. le directeur de la Conciergerie.

La Conciergerie des femmes, totalement séparée de celle des hommes, sera également divisée en cellules. Au milieu de la cour il existe un gazon entouré de barrières, et une fontaine est placée sur la droite; l'entrée est à gauche de la grande galerie formant l'entrée principale.

Au premier étage, dans le logement actuel du directeur, sera incessamment établie l'infirmerie des hommes; elle sera exposée au midi, et éclairée sur la petite cour attenante à celle du Mai.

Le rez-de chaussée servant actuellement d'entrée par la Cour du Mai sera distribué en chambres à la pistole, et les parties obscures contiendront des magasins ou dépôts à l'usage de la Conciergerie.

Un tour placé dans l'angle formé par le petit escalier qui con-

4

duit au logement du directeur, servira pour le passage des vivres des prisonniers, en communiquant avec la cuisine actuelle , dont les dispositions sont restées les mêmes.

Le changement d'entrée de la Conciergerie devait nécessairement entraîner celui du grand corps-de-garde du Palais. La restauration du bâtiment sur le Quai-aux-Fleurs en a offert le moyen. Ce corps-de-garde sera d'autant mieux situé, que, placé dans un des quartiers les plus fréquentés de Paris, il veillera à sa sûreté; il communiquera à la Conciergerie par le passage souterrain; il surveillera les dépôts ou souricières de la Police correctionnelle, près desquels il se trouve; en outre par l'escalier situé en face de son entrée intérieure, il sera pour le service à la portée de tous les tribunaux.

Nota. Je n'ai pas cru devoir entrer dans la description des autres travaux ordonnés par M. le comte de Chabrol, lesquels, quoique importans par leur destination, n'offrent point autant d'intérêt sous le rapport de la construction. Ces travaux consistent dans la restauration du corps de bâtiment dépendant de la Cour royale, qui contient la bibliothèque des avocats, la chambre des jurés et celle d'accusation , dans l'établissement du parquet de M. le procureur du Roi, au-dessus de la chapelle des prisonniers; enfin, dans la restauration du Tribunal d'appel, des deux Chambres criminelles, et dans celle de la Police correctionnelle et du Tribunal de première instance.

Il reste encore à exécuter les projets arrêtés par M. le Préfet pour l'établissement du greffe de l'état civil, de deux salles pour le Tribunal de première instance, et du placement d'une partie des archives judiciaires dans le corps de bâtiment appelé *Galerie de Lamoignon* ou *marchande*.

L'exécution de ce projet important est d'autant plus à désirer, qu'il faut qu'il soit entièrement terminé avant de pouvoir s'occuper d'un travail également desiré de la part de l'administration, du clergé et des amis des arts, je veux parler de la restauration de la Sainte-Chapelle, qui contient la partie la plus importante des archives judiciaires, et qui ne peuvent être placées qu'en continuation des archives existantes dans le dernier étage de la galerie de Lamoignon.

Tels sont les travaux importans que M. le comte de Chabrol a ordonnés dans les différentes parties du Palais de Justice, et dont l'exécution m'a été confiée. Pendant long-temps, ceux qu'on avait fait exécuter n'avaient pour but que des embellissemens, sans doute avantageux sous le rapport de l'art; mais ceux dont je viens de faire la description ont été suggérés par l'amour de l'humanité, pour l'utilité du service et pour la conservation d'un monument d'autant plus précieux, qu'il se compose de l'architecture de toutes les époques, même antérieures au règne de saint Louis, jusqu'à nos jours.

Ce Rapport, qui n'est relatif qu'aux constructions tant anciennes que modernes, ne contient aucun fait historique.

Il eût peut-être été à desirer, en le rendant public, d'y joindre un certain nombre de planches explicatives, mais j'ai cru suffisant d'établir un plan de rez-de-chaussée du Palais de Justice, afin de mettre à même de suivre ce rapport dans tout son ensemble.

Les personnes qui desireraient des détails plus étendus, et particulièrement sur ce qui tient à l'histoire du Palais, les trouveront tous réunis dans l'excellent ouvrage dont la publication a été commencée en 1827, chez Engelmann, et qui est sur le point d'être terminé. L'auteur du texte, M. Balthazar Sauvan, et celui des planches lithographiées, M. Schmit, n'ont rien laissé à desirer dans un ouvrage qui intéresse également l'histoire, les arts et la magistrature.

Il est flatteur pour moi d'avoir été appelé à seconder les vues bienfaisantes de M. le comte Chabrol dans cette grande entreprise. Je me trouverai trop heureux si, par mon zèle constant, je suis parvenu à justifier la bienveillance dont un magistrat aussi éclairé a bien voulu m'honorer.

Paris, le 2 janvier 1828.

A. PEYRE.

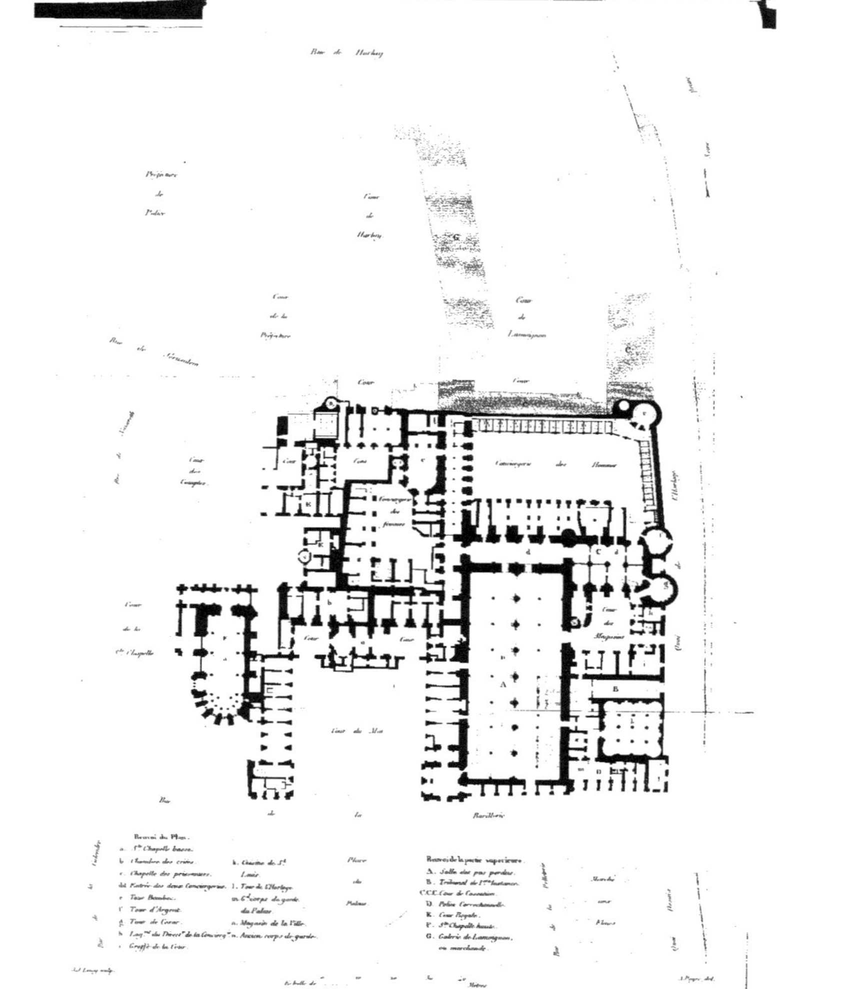

PLAN DU PALAIS DE JUSTICE.